Projekt zum Themenschwerpunkt "Verlust der Biodiversität" (6. Klasse, Geografie)

Georgios Tilkeridis

Bibliografische Information der Deutschen Nationalbibliothek:

Die Deutsche Nationalbibliothek verzeichnet diese Publikation in der Deutschen Nationalbibliografie; detaillierte bibliografische Daten sind im Internet über http://dnb.d-nb.de abrufbar.

ISBN: 9783346735959
Dieses Buch ist auch als E-Book erhältlich.

Pädagogische Facharbeit für das Lehramt an Haupt- und Realschulen gemäß § 46 HLbGDV vom 28. September 2011

<u>Thema:</u>

Wir bauen ein Insektenhotel - Ein Projekt in einer sechsten Hauptschulklasse zum Themenschwerpunkt „Verlust der Biodiversität".

Verfasser: Georgios Tilkeridis

Inhaltsverzeichnis

1 Einleitung

Die vorliegende pädagogische Facharbeit beschäftigt sich mit der Thematik des Globalen Lernens, die im Rahmen des Erdkundeunterrichts in einer sechsten Hauptschulklasse (6 Ha) aufgegriffen und erarbeitet worden ist. Unter Berücksichtigung der Bildungsziele der Bildung für nachhaltige Entwicklung[1], aber auch den Leitmotiven des handlungs- und produktionsorientierten Unterrichts fokussiert sich diese Arbeit auf die Planung, Durchführung und Evaluation/Reflexion des Schulprojekts „Wir bauen ein Insektenhotel". An dieser Stelle sei erwähnt, dass im Rahmen dieser Arbeit und angelehnt am Orientierungsrahmen für den Lernbereich Globale Entwicklung, die Termini *Globales Lernen* und *Bildung für nachhaltige Entwicklung* weitgehend synonym gebraucht werden, da sie sich in ihren Grundprinzipien nicht wesentlich voneinander unterscheiden. Beide Bildungskonzepte handeln unter dem Leitmotiv der Nachhaltigkeit und zielen auf die Förderung der Gestaltungskompetenz der Lernenden ab, indem ein gesellschaftsrelevanter Sachverhalt unter Berücksichtigung ökologischer, wirtschaftlicher sowie sozialer Aspekte analysiert und reflektiert wird.[2]

Im Folgenden gilt es die Beweggründe für die Wahl der vorliegenden Thematik aufzuzeigen und diese anhand verschiedener Perspektiven auf ihre unterrichtspraktische sowie lerrngruppenspezifische Relevanz darzustellen. Im weiteren Verlauf wird auf den aktuellen Forschungsstand der fachwissenschaftlichen Literatur eingegangen, die sowohl einen fachlichen als auch methodischen Überblick des Vorhabens geben soll. Der Kern dieser Arbeit ist die Darstellung der Planung, Durchführung und Evaluation der zu erprobenden Unterrichtsreihe.

1.1 Pädagogische Bedeutung

Vor dem Hintergrund unserer heutigen Gesellschaft, die sich derartig ressourcenintensiv und profitorientiert entwickelt, nimmt das Thema der Nachhaltigkeit eine gewichtige Rolle im gesellschaftlichen Diskurs ein. Die letzten Jahre und auch die aktuellen Geschehnisse in Wirtschaft und Politik zeigen einen allmählichen Bewusstseinswandel hinsichtlich dieser Thematik. Zweifellos ein Schritt in die richtige Richtung, jedoch dürfen wir uns nicht allein auf die Entscheidungen globaler Akteure verlassen. Einerseits gilt es im Kindesalter ein derartiges Bewusstsein zu schaffen, das der Auffassung eines generationenübergreifenden und nicht affektgeleiteten Handelns entspricht, andererseits gilt es, den Nachhaltigkeitsgedanken im Bildungssystem zu etablieren. Die Schule als

---

[1] Im weiteren Verlauf mit BNE abgekürzt.
[2] Vgl. KMK „Bildung für nachhaltige Entwicklung in der Schule" 2007, S. 1.

bildungsrelevante Institution hat die Aufgabe, ihre Lerngruppen dahingehend zu sensibilisieren, indem kompetenzorientiert sowohl fachliches als auch überfachliches Wissen vermittelt und geschult wird. Das vorliegende Bildungskonzept (Globales Lernen) hilft dabei, die komplexen Zusammenhänge innerhalb eines dynamischen und pluralistischen Systems zu analysieren, zu begreifen und zu gestalten. Die Anforderungen des hessischen Kerncurriculums, die Lernenden so anzuleiten, sich in der erfolgreichen Bewältigung kognitiver Anforderungen entfalten zu können und sich an der gesellschaftlichen Teilhabe aktiv und verantwortungsvoll zu beteiligen, sind somit auch erfüllt.[3]

Das Projekt *Insektenhotel* soll den Lernenden einen Einblick in den Lebensraum der Wildbiene gewähren und sie auf ihre gewichtige Rolle im globalen System aufmerksam machen. Die Lernenden sollen sich, durch ihre Gefühle, Interessen und Erfahrungen, der Natur verbunden fühlen und diese wertschätzen, indem sie selbstständig Nachforschungen betreiben. Außerdem soll ein Lernen auf mehreren Lernkanälen ermöglicht werden. Neben der Anfertigung des Insektenhotels steht der achtsame Umgang mit den natürlichen Ressourcen sowie das Erkunden und Erleben intakter Naturräume im Mittelpunkt. Umwelt- bzw. Artenschutz soll dadurch am eigenen Leib erfahren werden. Für mich sind dies entscheidende Argumente, weshalb ich mich für das vorliegende Bildungskonzept entschieden habe. Darüber hinaus eröffnet sich mir dadurch die Möglichkeit, ein abstraktes Thema globalen Ausmaßes für die Lernenden greifbar zu machen und mit ihnen einen spannenden Erdkundenunterricht zu erleben, der nicht nur interessante und aktuelle Inhalte verfolgt, sondern auch den lernförderlichen Schwerpunkt auf die Erfahrungs- und Handlungsorientierung setzt. Überdies führt die Zusammenarbeit mit verschiedenen Akteuren und deren gesellschaftlich relevantes Handeln dazu, dass sich die Lernenden als Teil des gesellschaftlichen Systems verstehen und aus diesem unmittelbaren Affekt heraus die eigenen subjektiven Auffassungen reflektieren.

1.2 Bedeutsamkeit für Schule und Fach

Im Schulprogramm ist das Thema Nachhaltigkeit und Umwelt fest verankert. Neben einer dafür zuständigen Konzeptgruppe nimmt die Schule auch an mehreren Projekten mit Umweltcharakter teil. Im Projekt *Abfallarme Schule* werden klasseninterne Umweltbeauftragte und Ordnungsdienste geschult. Das Ziel ist die Förderung des Umweltbewusstseins innerhalb des schulischen Alltags. Weiterhin werden im Schulgarten fächerübergreifende Projekte angegangen. Hierzu zählt der Kräuteranbau oder die Instandhaltung des

---

[3] Vgl. HKM: Bildungsstandards und Inhaltsfelder, S. 5, S. 11.

Froschteichs. Zudem finden jährlich verschiedene Angebote zur Nachhaltigkeit statt. Exemplarisch hierfür sei die Teilnahme an der hessenweiten Aufräumaktion *Sauberer Schulweg* oder das Stadtradeln genannt.[4]

Eine Möglichkeit der Kompetenzförderung eröffnet sich im Rahmen des Erdkundeunterrichts. In wohl keinem anderen Unterrichtsfach werden die Wechselwirkungen zwischen natur- und gesellschaftswissenschaftlichen Inhalten so deutlich aufgezeigt und derartig intensiv behandelt. Vor dem Hintergrund dieses doppelten Dualismus ergeben sich einerseits viele unterrichtspraktische Gestaltungsmöglichkeiten innerhalb des Klassenverbands, andererseits eröffnet sich auch die Möglichkeit zur Umsetzung fächer- oder gar schulübergreifender Projekte, wie es auch bei der Verwirklichung dieses Projekts der Fall war bzw. ist. An dieser Stelle sei erwähnt, dass dieses Projekt zunächst auf klasseninterner Ebene vorgesehen war, sich jedoch schnell zu einem Zusammenwirken verschiedener Akteure und Fachbereiche entwickelt hat. Darunter fällt der Naturschutzbund, die Sozialagentur Fortuna mit Sitz in Biebesheim am Rhein und ab dem kommenden Schuljahr auch die Fachschaft Biologie.

Als Erdkundelehrer sehe ich mich zudem in der Pflicht meinem Unterrichtsfach frischen Aufwind zu verleihen, um der, meines Erachtens weitläufigen Auffassung entgegenzutreten, es handle sich hierbei um ein „ersetzbares" Nebenfach. Mit dem Projekt möchte ich ein geographisches Statement setzen, das zeigt, dass Erdkundeunterricht nicht nur Topografie und Länderkunde in Form von Arbeitsblättern bietet, sondern auch naturräumliche Geländearbeit mit praxisnahem systemischen Denken in sich vereint. Der zugrunde liegende didaktische Ansatz orientiert sich am lösungsorientierten Arbeiten und soll den optimistischen Charakter des Vorhabens unterstreichen.

2 Theoretischer Bezugsrahmen

2.1 Die Wildbiene – biologische Grundlagen

Bei der Erhaltung natürlicher Ökosysteme übernehmen Insekten und vor allem Bienen eine wichtige Rolle, da sie für die Bestäubung zahlreicher Nutz- und Wildpflanzen verantwortlich sind.[5] Die Bestäubungsleistung der weithin bekannten Honigbiene, die vom Menschen vornehmlich als Nutztier gehalten wird, fällt dabei eher gering aus. Vielmehr sind es die wild lebenden Vertreter dieser Art, die für großflächige Bestäubungsleistungen

---

[4] Vgl. Schulprogramm, 2020, S. 24 f.
[5] Vgl. Westrich, P.: Die Wildbienen Deutschlands. 2 Auflage, 2019, S. 269 ff.

relevant sind. Honigbienen bilden mehrjährige Staaten, die in Form von Kasten-Systemen organisiert sind. Diese dienen der sozialen Rangordnung innerhalb des Bienenvolkes. Die reproduktive Kaste bildet sich aus einem Weibchen (Königin) und zur Vermehrungszeit mehreren tausend Männchen (Drohnen). Daneben existiert eine Arbeiterkaste bestehend aus Weibchen, die auf eine direkte Fortpflanzung verzichten. Im Gegensatz zur Honigbiene bilden Wildbienen keine Staaten. Die weiblichen Wildbienen kommen beim Bau ihres Nistplatzes und Versorgung ihrer Brut ohne Mithilfe von Artgenossen aus. Diese Art der Selbstversorgung wird als solitäre Lebensweise bezeichnet, weshalb Wildbienen auch Solitärbienen genannt werden.[6]

Die unterschiedliche Bestäubungsleistung zwischen domestizierten und wilden Bienen hat vor allem evolutionsbedingte Hintergründe. Honigbienen haben sich im Laufe ihrer Evolution auf ein Leben innerhalb komplexer sozialer Strukturen spezialisiert. Da sie ganzjährige Sozialverbände bilden, hat sich ihr Bestäubungsverhalten generalisiert. Dies ist notwendig, da sie ganzjährig ausfliegen müssen, um sich zu versorgen. Infolgedessen entwickelten sich zwischen Honigbienen und Blütenpflanzen nur sehr wenige vergleichbare Anpassungen. Konkret bedeutet dies, dass sie bei ihrer Fähigkeit, bei bestimmten Blüten, Pollen und Nektar erreichen zu können, häufig eingeschränkt sind. Der Bestäubungsgrad fällt dementsprechend gering aus. Wildbienen haben sich im Laufe ihrer Evolution in spezifischer Weise an einige wenige Pflanzen angepasst, indem sie beispielsweise ihre Flugzeiten an das jahreszeitenbedingte Aufblühen bestimmter Blütenpflanzen angepasst haben. In ihrer eher kurzen Flugzeit befliegen sie vor allem jene Pflanzen, die zu einem bestimmten Zeitpunkt im Jahr blühen. Einerseits werden Pollen dadurch effektiv transportiert, andererseits zeichnet sich die Bedeutsamkeit der Wildbiene in dieser Symbiose ab, da sie für betroffene Blütenpflanzen überlebensnotwendig ist.[7] Exemplarisch hierfür sei die Hummel erwähnt, die auch bei kühleren Temperaturen im Frühling ihrer Arbeit nachgeht und Blüten von Obstbäumen bestäubt. Weitere Faktoren, die den Bestäubungsvorgang beeinflussen, sind Aufnahme und Transport der Pollen. Honigbienen nutzen ihre Hinterbeine, um den Blütenstaub zu transportieren. Dazu wird er während des Sammelvorgangs mit Nektar vermengt, zu einem Klumpen geformt und an den Hinterbeinen angelagert. In der Fachliteratur werden diese Bienen als *Beinsammler* bezeichnet. Demgegenüber stehen die sog. *Bauchsammler*, zu denen Wildbienen gehören. Am

---

[6] Vgl. https://www.wildbienen.info/biologie/sozialverhalten.php (letzter Aufruf: 23.08.2021).
[7] Vgl. Westerkamp, C.: Honeybees are poor pollinators – why?, 1991, S. 71 f.

Unterleib jener befinden sich spezielle Haarstrukturen, an denen sich die Pollen ansammeln können. Dadurch wird der Pollentransport zwischen den Blüten erleichtert.[8]

In Deutschland wurden bislang etwa 550 verschiedene Wildbienenarten dokumentiert. Der Anzahl entsprechend lassen sich artenspezifische Unterschiede beobachten. Die einzelnen Vertreter unterscheiden sich nicht nur hinsichtlich ihres äußeren Erscheinungsbilds, sondern auch in Hinsicht auf ihr Fortpflanzungs-, Nist- und Sammelverhalten voneinander.[9] Ein Beispiel für eine Solitärbiene ist die Gehörnte Mauerbiene. Ihre Flugzeit ist auf vier bis sechs Wochen begrenzt. Die Männchen erscheinen zwischen Februar und März, die Weibchen schlüpfen etwas später. Nach der Paarung legen die Weibchen Nistkammern in geeigneten Hohlräumen an, um ihre Brut zu versorgen. Oftmals wird poröses Mauerwerk oder hohles Gehölz für diesen Zweck verwendet. Im Innenraum der Nistkammer legt das Weibchen mehrere aufeinander folgende Brutkammern aus Lehm an, die je ein Ei und ein Nektar-Pollen-Gemisch enthalten. Davon ernährt sich später der frisch geschlüpfte Nachwuchs. Die Brutkammern werden anschließend durch einen Lehmverschluss verschlossen. Bis zum adulten Insekt durchlaufen die Larven drei Entwicklungsstufen, weshalb Bienen zu den *Holometabola* zählen. Zu ihnen gehören jene Insekten, die in ihrer Entwicklung eine vollständige Metamorphose von einer Larve über eine Puppe zum ausgewachsenen Insekt durchmachen.[10] Zwischen Ende April bis Anfang Mai ist der Lebenszyklus der Gehörnten Mauerbiene vorbei. Eine weitere Anpassungsstrategie lässt sich exemplarisch bei Blutbienen im Bereich der Reproduktion beobachten. Anders als bei Honigbienen, die ihre Nistplätze nur im äußersten Notfall aufgeben, suchen sich Blutbienen Wirtsnester anderer Insekten aus, in die sie eindringen und dort ihre Brut ablegen. Dabei zerstören sie die Eier der Wirtsinsekten. Dieses Phänomen ähnelt dem Verhalten des Kuckucks, weshalb derartige Bienen auch Kuckucksbienen genannt werden.[11]

2.2 Gefährdung und Schutz der Wildbienen

Mehr als die Hälfte aller dokumentierten Wildbienenarten gelten in Deutschland als bedroht und stehen daher auf der Roten Liste der Bienen Deutschlands. Die Honigbienen hingegen unterliegen als Nutztiere des Menschen anderen Gesetzmäßigkeiten. Die Ursachen ihres Absterbens liegen vor allem in den Haltungsbedingungen. In erster Linie sind anthropogene Ursachen für den immensen Rückgang der Wildbienen verantwortlich. Der

---

[8] Vgl. Kornmilch, J.: Einsatz von Mauerbienen zur Bestäubung von Obstkulturen. Handbuch zur Nutzung der Roten Mauerbiene in Obstplantagen und Kleingärten. 2010, S. 4 f.
[9] Vgl. Westrich, P.: Wildbienen. Die anderen Bienen. 5. Auflage, 2015, S. 7 ff.
[10] Vgl. https://www.naturspektrum.de/text/text_holometabolie.php (letzter Aufruf 25.08.2021)
[11] Vgl. Westrich, P.: Die Wildbienen Deutschlands. 2 Auflage, 2019, S. 136 ff.

Mensch greift in das natürliche Ökosystem ein und verdrängt dadurch viele ansässige Insekten. Die Folge ist eine großflächige Zerstörung ihrer Lebensräume bzw. Nistplätze. Die Annahme, dass lediglich Faktoren überregionaler Natur, wie beispielsweise das Trockenlegen von Sumpfgebieten oder die Intensivierung der Landwirtschaft, zu einem Artensterben führen, ist falsch. Auch auf regionaler und lokaler Ebene bringen vermeintlich positive Eingriffe weitreichende Konsequenzen mit sich. Beispielhaft hierfür ist die Ausweisung genormter Grün- und Parkflächen, die auf dem ersten Blick zwar ansprechend scheint, diese sich jedoch nicht als Rückzugsorte bzw. Nahrungsquellen für Wildbienen eignen, da sie keinen Wildwuchs, sondern vornehmlich kurz gemähte Rasenflächen beherbergen. Eine weitere Ursache stellt die Bebauung und Versiegelung von Vegetationsflächen, aber auch die Einführung landwirtschaftlicher Monokulturen sowie die Anwendung pestizidhaltiger Pflanzenschutzmittel zur Schädlingsbekämpfung dar.[12]

Die fortschreitende Gefährdung der Wildbienen hat Auswirkungen auf das natürliche Ökosystem, da sie aufgrund ihrer physiologischen und instinktiven Natur einen wichtigen Beitrag zum Artenschutz leisten. Je weniger Bienen existieren, desto weniger Pflanzen werden bestäubt. Das wiederum führt zu einem generellen Schrumpfen des Artenreichtums. Aus diesem Grund ist eine richtige Herangehensweise in puncto Bienenschutz von großer Bedeutung. Neben der Etablierung einer nachhaltigen und umweltfreundlichen Grundeinstellung auf politischer und gesellschaftlicher Ebene, wie der Verzicht auf pestizidhaltige Pflanzenschutzmittel oder der Beschluss auf Ausweitung natürlicher Biotope, gilt es den Erhalt des Lebensraums der Insekten voranzutragen. Dabei ist der Erhalt strukturreicher Habitate, die geeignete Nistplätze, Nahrungsquellen und Baumaterialien beinhalten, von großer Bedeutung.[13] Arten- bzw. Bienenschutz kann auch auf persönlicher Ebene problemlos geleistet werden, indem beispielsweise heimische Blütenpflanzen für den eigenen Garten bevorzugt und darin eingepflanzt werden. Dadurch wird ein attraktives Nahrungsangebot für Wildbienen geschaffen. Neben Obstbäumen wie Kirsche oder Weißdorn eignen sich auch Blumenpflanzen wie Klatschmohn und Natternkopf, aber auch Zwiebelgewächse oder Wildstauden besonders dafür.[14] Darüber hinaus kann die Ansiedlung einiger Wildbienenarten nachhaltig gefördert werden, indem geeignete Nisthilfen angelegt werden. Als „Insektenhotels" bezeichnete Nisthilfen können für Wildbienen geeignet sein. Bei der Auslegung derartiger Nisthilfen sollte jedoch auf die

---

¹² Vgl. https://www.wildbienenschutz.de/wildbienen/nest-der-mauerbiene.html
(letzter Aufruf: 26.08.2021).
¹³ Vgl. https://www.bund.net/service/publikationen/detail/publication/wie-helfe-ich-den-wildbienen
(letzter Aufruf: 26.08.2021).
¹⁴ Vgl. Westrich, P.: Wildbienen. Die anderen Bienen. 5. Auflage, 2015, S. 79 ff.

unterschiedlichen Brutverhalten geachtet werden. Die meisten Wildbienenarten (ca. ¾ aller heimischen Arten) bevorzugen es nämlich, ihre Brut im Boden abzulegen. Diese Insekten können also nicht von diesen Nisthilfen profitieren. Vor diesem Hintergrund ist die Diversifikation der Niststrukturen von großer Bedeutung. Nur dadurch kann ein breites Spektrum an Wildbienenarten unterstützt werden. Ein Beispiel für eine entsprechende Nisthilfe ist hohles Gehölz. Dieses wird besonders von Mauer-, Scheren- und Löcherbienen genutzt. Für Steilwand bewohnende Arten wie die Frühlingspelzbiene eignen sich mit Löss gefüllte Blumentöpfe.[15]

2.3 Die Projektmethode

Die Begrifflichkeit *Projekt* hat seinen Ursprung im Lateinischen und bedeutet *Vorhaben* oder *Plan*. Es stellt ein gegenständliches Lernunternehmen dar, das in Kooperation aller beteiligter Personen zielorientiert verwirklicht wird. Von der Vorbereitung und der Planung bis hin zur Bewertung werden alle Phasen des Vorhabens gemeinschaftlich angegangen. Wird ein Projekt im schulischen Kontext eingebettet, wird dies als Projektunterricht bezeichnet. In seinen Ausführungen beschreibt Frey die Projektmethode als eine Möglichkeit des organisierten und selbstständigen Lernens.[16] Thematisch kann zwischen diversen Projektformen in Hinsicht auf ihre Dauer sowie organisatorische und fachliche Auslegung unterschieden werden. In Anbetracht der Dauer wird exemplarisch von Mini-, Kurz- oder Langzeitprojekten gesprochen. Weiterhin wird zwischen Projekten und Projektwochen differenziert. Im Gegensatz zu Projekten sind Projektwochen nicht an den curricularen Bildungsrahmen gebunden und weichen stark vom eigentlichen Stundenplan ab. Auch wird zwischen Klassen-, Schul- und klassenübergreifenden Projekten unterschieden. Eine ähnliche Abgrenzung lässt sich in Anbetracht fachlicher Aspekte feststellen. Hierbei ist von fachbezogenen, fächerübergreifenden sowie fachunabhängigen Projekten die Rede.[17] Projektunterricht löst bei Lernenden den Drang nach handlungs- und produktionsorientierter Arbeit. Darüber hinaus werden sowohl kooperative als auch individuelle Lernangebote geschaffen. Dadurch kann jeder Teilnehmer einen Beitrag zum Gelingen leisten.[18] Frey unterteilt in seinen Ausführungen ein Projekt in sieben verschiedene Phasen, die er als Komponenten bezeichnet. Die einzelnen Phasen bauen

---

[15] Vgl. Westrich, P.: Wildbienen. Die anderen Bienen. 5. Auflage, 2015, S. 101.

[16] Vgl. Mattes, W.: Methoden für den Unterricht. Kompakte Übersichten für Lehrende und Lernende, 2011, S. 180 f.

[17] Vgl. Silke, T.: Projektarbeit – ein Unterrichtskonzept selbstgesteuerten Lernens? Eine vergleichbare empirische Studie Die Projektmethode, 2012, S. 36 f.

[18] Vgl. Mattes, W.: Methoden für den Unterricht. Kompakte Übersichten für Lehrende und Lernende, 2011, S. 181.

aufeinander auf, jedoch handelt es sich nicht um statisch ablaufende Schritte, sondern entwickeln, aus dem Gruppenprozess heraus, eine eigenständige Dynamik. Dies äußert sich im Umstand, dass sich einzelne Phasen im Laufe des Projekts mehrfach überschneiden und wiederholen können.[19]

In der Phase der Projektinitiative sammeln alle beteiligten Personen Vorschläge für ein mögliches Projekt. Im schulischen Rahmen sind das die Lernenden und die Lehrkraft. Kooperation und Impulsgebung sind die Gebote der Stunde. Im Gegensatz zu anderen Unterrichtsformen verändert sich im Projektunterricht die Lehrerrolle, indem sich die Lehrkraft zunehmend aus dem Zentrum des Geschehens entfernt und zum Teilnehmer im lernenden Team wird. Vor diesem Hintergrund bestimmt er lediglich den Grad der Selbstständigkeit der Lernenden. Ob und auf welche Art und Weise das Projekt umgesetzt wird, entscheiden die Projektteilnehmer in der darauffolgenden Phase. Ein besonders ertragreiches sowie erfolgreiches Lernklima entsteht, wenn zwischen den Interessen der Lernenden und Lehrenden ein Gleichgewicht hergestellt werden kann.[20]

In der zweiten Phase, der Auseinandersetzung mit der Projektinitiative, wird in gemeinsamer Zusammenarbeit geklärt, inwieweit etwas im Rahmen der vorgeschlagenen Ideen sinnvoll und realisierbar ist. Nach erfolgreicher Selektion wird idealerweise eine erste Projektskizze entworfen, die schriftlich dokumentiert wird.[21]

In der dritten Phase wird der weitere Projektverlauf festgelegt. Um den offenen Lerncharakter zu wahren, ist ein grober Verlaufsplan förderlich, der nicht jedes noch so kleine Detail vorsieht. Trotz alledem werden die einzelnen Aufgabenfelder konkretisiert und verteilt. Im Sinne des selbstständigen Lernens dürfen sich die Lernenden frei an den Aufgaben erproben und müssen sich nicht auf eine bestimmte Aufgabe versteifen. Dennoch gilt es den Lernenden die Relevanz der aufgeführten Aufgaben zu verdeutlichen, damit sie den jeweiligen Mehrwert dieser erkennen. Dadurch soll einerseits die Gefahr des Trittbrettfahrens vermieden werden, andererseits sollen sich Begabte nicht nur auf ihre bestehenden Stärken verlassen. So sollte beispielsweise ein eloquenter Lernender mit gutem Textverständnis nicht nur Texte und Präsentationen vortragen dürfen, sondern sich auch am Zusammenbau des Insektenhotels beteiligen.[22]

---

[19] Vgl. Silke, T.: Projektarbeit – ein Unterrichtskonzept selbstgesteuerten Lernens? Eine vergleichbare empirische Studie. Die Projektmethode, 2012, S. 35 ff.
[20] Vgl. ebd., S. 37.
[21] Vgl. ebd., S. 38.
[22] Vgl. ebd., S. 39.

In der vierten Phase wird das Projekt mitsamt seinen Vorüberlegungen in die Tat umgesetzt. In gegenseitiger Wechselwirkung vorangegangener Phasen wird das Projekt realisiert. Bei der Durchführung darf der Projektplan verändert werden, wenn beispielsweise auf eine unvorhergesehene Problematik gestoßen wird oder es zu neuen Erkenntnissen kommt. Demnach ist hervorzuheben, dass die Projektplanung selbst in dieser Phase nicht als abgeschlossen betrachtet werden sollte.[23]

Der Abschluss eines Projekts (Phase 5) kann auf verschiedene Arten und Weisen erfolgen. Beim bewussten Abschluss steht am Ende des Vorhabens ein konkretes Produkt, das aufgeführt oder ausgestellt werden kann. Beispiele hierfür sind Bastelarbeiten, Theateraufführungen oder Handwerksprodukte. Dazu zählt auch das vorliegende Projekt. Eine weitere Möglichkeit des Beendens besteht darin, die einzelnen Schritte erneut aufzugreifen und die Initiativgedanken mit dem Endstand des Produkts zu vergleichen. Weiterhin gilt es, den Projektverlauf zu reflektieren und schließlich zu bewerten, um Lehren und Erkenntnisse auch in zukünftige Projekte einfließen lassen zu können. [24] Für das vorliegende Projekt wurden beide Herangehensweisen in Betracht gezogen.

Komponente 6 thematisiert den Aspekt der Fixpunkte. Diese stellen keine eigenständige Phase dar, sondern treten im Projektverlauf fortwährend an verschiedenen Stellen auf. Unter Fixpunkten werden Schaltstellen organisatorischer Natur verstanden, die der Kommunikation und dem Austausch zwischen den Teilnehmern dienen.[25]

Die letzte Komponente bildet die Metainteraktion. Diese kooperative Methode lebt vom gegenseitigen Austausch der Teilnehmer. Die Metainteraktion zielt darauf ab, diesen Umstand zu fördern. Sie stellt also das Kernstück des Projektunterrichts dar. Im Zuge der Metainteraktion werden Fragen eröffnet, Problematiken überdacht sowie lösungs- bzw. ergebnisorientierte Konzepte entwickelt. Im Mittelpunkt steht also die Reflexion der eigenen Herangehensweise sowie dem eigenen Verhältnis zum Betätigungsgebiet. Erst dadurch wird das Mitwirken am Projekt pädagogisch wertvoll.[26]

---

[23] Vgl. Silke, T.: Projektarbeit – ein Unterrichtskonzept selbstgesteuerten Lernens? Eine vergleichbare empirische Studie. Die Projektmethode, 2012, S. 40 ff.

[24] Vgl. Mattes, W.: Methoden für den Unterricht. Kompakte Übersichten für Lehrende und Lernende, 2011, S. 181.

[25] Vgl. Silke, T.: Projektarbeit – ein Unterrichtskonzept selbstgesteuerten Lernens? Eine vergleichbare empirische Studie. Die Projektmethode, 2012, S. 41.

[26] Vgl. ebd., S. 42.

3 Planung des Unterrichtsvorhabens

3.1 Einbettung der Sequenz

Die Thematik „Verlust der Biodiversität" kann auf Grundlage des hessischen Kerncurriculums Erdkunde für die Sekundarstufe I begründet werden. Das grundlegende Konzept *System* kann den Inhaltsfeldern *Mensch/Gesellschaft*, *Umwelt-Gesellschaft-Beziehungen* und *Natur/Umwelt* zugeordnet werden und durch die Untersuchung natur- sowie humangeographischer Zusammenhänge innerhalb eines Raums begründet werden. Zudem können die Konzepte *Struktur* und *Funktion* dadurch begründet werden. Auch dem Konzept *Entwicklung* kann der Lerngegenstand Rechnung tragen. Einerseits wird dies durch die Vorstellung des Endprodukts, andererseits durch die Entwicklung lösungsorientierter Strategien im Austausch mit verschiedenen Instanzen ermöglicht.[27] Aufgrund des großen fachlichen Spektrums kann die Thematik mehreren Einheiten des schulinternen Curriculums, wie beispielsweise *Europa deckt den Tisch*, *Industrieräume in Europa* oder *Schätze der Erde,* zugeordnet werden. Hierfür empfiehlt es sich, Themenbeispiele mit ökologischem Bezug in Hinsicht auf natürliche Ökosysteme sowie biologische Vielfalt zu verwenden.[28]

3.2 Angestrebte Lernziele

Die angestrebten Lernziele der vorliegenden Unterrichtseinheit lassen sich in drei Ebenen klassifizieren. Die Makro-Lernziele beschreiben im Rahmen ihres prozessorientierten Charakters den Lernerfolg der Einheit im Verhältnis globaler Zusammenhänge auf der Makroebene. Erwähnt sei, dass diese nur schwer im schulischen Kontext überprüfbar sind und oftmals eine idealtypische Vorstellung darstellen. Auf der Mesoebene werden Lernziele verfolgt, die sich an curriculare Vorgaben halten. Dazu zählen die Lernziele der Unterrichtseinheit. Die einzelnen Stundenziele lassen sich auf der Mikroebene verorten.[29]

1. **<u>Lernziele (Makroebene):</u>**

   Neben den aufgestellten fachlichen sowie überfachlichen Kompetenzen sollen mit der Unterrichtseinheit diverse Ziele aus den Bereichen BNE und GL verfolgt werden. Diese sind nicht nur klassisch geographischer Natur, sondern gehen darüber hinaus und zielen vor allem auf die Bildung und Sensibilisierung für Nachhaltigkeit, globale Zusammenhänge, kulturelle Vielfalt, demokratische Grundprinzipien sowie gerechtes Handeln ab. Die Lernziele gehen also weit über das

---

[27] Vgl. HKM (Hrsg.): Bildungsstandards und Inhaltsfelder, 2011, S. 29.
[28] Vgl. Fachcurriculum Erdkunde Hauptschule. Stand: 2020.
[29] Vgl. Lutz, Popescu-Willigmann, 2015, S. 33 ff.

Fachliche hinaus und sind besonders in Hinsicht auf die emotional-sozialen Ebene von großer Bedeutung. Die Lernenden verstehen sich als Akteure im globalen System und reflektieren sowohl ihre persönliche Rolle als auch ihre Gestaltungsmöglichkeiten in der Gesellschaft.

2. <u>Lernziele (Mesoebene):</u>

Die Lernenden sollen zum einen die Zusammenhänge innerhalb eines pluralen Systems analysieren und erklären können, zum anderen sollen sie ein Verständnis für die Ursachen entwickeln, die zum Verlust der Biodiversität führen, Lösungsansätze für den Erhalt des Artenreichtums entwickeln und diese in die Praxis umsetzen.

3. <u>Stundenlernziele (Mikroebene):</u>

- Die Lernenden erstellen eine Mindmap zum Thema „Nachhaltigkeit", indem sie damit zusammenhängende Bereiche nennen und erste Zusammenhänge erläutern.

- Die Lernenden lernen fünf beispielhafte Vertreter der Insektenart „Wildbiene" kennen, indem sie verschiedene Steckbriefe sortieren und der jeweiligen Wildbienenart passend zuordnen.

- Die Lernenden erklären, welche Rolle Wildbienen bei der Bestäubung spielen, indem sie eigenständig einen geeigneten Untersuchungsgegenstand finden, diesen empirisch beobachten und ihre Beobachtungen dokumentieren.

- Die Lernenden können den Nutzen einer Nisthilfe für Wildbienen erläutern, indem sie den Lebenszyklus der Gehörnten Mauerbiene beschreiben.

- Die Lernenden leisten einen Beitrag zum Umweltschutz, indem sie eine geeignete Nisthilfe für Wildbienen herstellen.

3.3 Fachliche und Überfachliche Kompetenzen

Angelehnt an das Kerncurriculum des hessischen Kultusministeriums sollen in der Unterrichtseinheit „Wir bauen ein Insektenhotel" folgende Kompetenzen gefördert werden[30]:

<u>Fachliche Kompetenzen:</u>

Kompetenz	Regelstandard Die Lernenden können ...	Konkretisierung indem sie ...
Geographische Analysekompetenz	beschreiben, wie sich einfache Strukturen und Prozesse auf Umwelt oder Leben der Menschen auswirken,	Wechselwirkungen des Mensch-Umwelt-Systems beschreiben.

---

[30] Vgl. HKM (Hrsg.): Bildungsstandards und Inhaltsfelder, 2011, S. 27 ff.

	die Auswirkungen von einfachen Wechselwirkungen in einem System beschreiben,	die Ursachen erläutern, die zu einem Rückgang der Biodiversität führen.
Räumliche Orientierungs-kompetenz	Informationen aus topographischen, physischen und einfachen thematischen Karten und alltagsüblichen Plänen entnehmen, eigene Raumvorstellungen durch Perspektivwechsel mit anderen Raumvorstellungen vergleichen,	mithilfe des Atlas alle Länder ermitteln, die an der Herstellung eines Smartphones beteiligt sind. sich in die Lage eines Naturschützers versetzen und Ideen zur Gestaltung des Biotops beitragen.
Geographische Methodenkom-petenz	den Weg der Erkenntnisgewinnung und die Erkenntnisse angeleitet dokumentieren,	selbstständig Beobachtungen im Gelände durchführen und ihre Erkenntnisse protokollieren.
Geographische Urteils- und Kommunikationskompetenz	einfache Phänomene, Strukturen und Prozesse sowie deren Folgeerscheinungen für Gesellschaft und Umwelt anhand einfacher Kriterien beurteilen,	sie eine Nisthilfe für Wildbienen aktiv mitgestalten und ihr Handeln reflektieren.

Überfachliche Kompetenzen:

Kompetenz	Regelstandard[31] Die Lernenden …	Konkretisierung Die Lernenden …
Sozialkompetenz *Kooperation und Teamfähigkeit*	bauen tragfähige Beziehungen zu anderen auf, respektieren die bestehenden sozialen Regeln und arbeiten produktiv zusammen. Sie tauschen Ideen und Gedanken mit anderen aus, bearbeiten Aufgaben in Gruppen und entwickeln so eine allgemeine Teamfähigkeit.	- üben sich in Partnerarbeit. - halten sich an vereinbarte Verhaltensregeln. - achten darauf, dass während der Partnerarbeit kein Mitschüler gestört wird.
Sprachkompetenz *Kommunikationskompetenz*	drücken sich in Kommunikationsprozessen verständlich aus und beteiligen sich konstruktiv an Gesprächen, sie reflektieren kommunikative Prozesse sowie die Eignung der	- können sich in Partner- und Gruppenarbeiten sowie bei Präsentationen angemessen ausdrücken.

---

[31] Vgl. ebd., S. 8-10.

	eingesetzten Kommunikationsmittel.	-	Können mündlichen Beiträgen wichtige Informationen entnehmen und am Unterrichtsgespräch teilnehmen.

3.4 Analyse der Lernvoraussetzungen

Die Klasse XY unterrichte ich seit Beginn des Schuljahres 2020/2021 eigenverantwortlich mit zwei Wochenstunden bedarfsdeckendem Unterricht. Die Lerngruppe setzt sich aus insgesamt XY Schülerinnen und Schülern zusammen, wovon XY weiblich und XY männlich sind. Mein persönliches Verhältnis zu den Lernenden stufe ich als überaus positiv ein. Sie zeigen mir gegenüber Vertrauen und verhalten sich dementsprechend respektvoll. Die Unterrichtsstunden zeichnen sich überwiegend durch ein angenehmes und positives Lernklima aus. Gegenüber neuen Lerninhalten ist die Klasse aufgeschlossen und motiviert. Aufgrund der Pandemiebestimmungen kam es immer wieder zu großen Veränderungen im Unterrichtsgeschehen, die Spuren in der Lernmotivation sowie Unterrichtsgestaltung hinterlassen haben. Das vorliegende Unterrichtsvorhaben bietet sich daher besonders an, diese Umstände zu nivellieren, da Projektunterricht die Interessen der Lernenden integriert[32] und damit sowohl die Motivation als auch das Interesse der Klasse an der Thematik BNE und GL fördert.

Ein Einheitenschwerpunkt ist das kooperative Lernen. Aus diesem Grund sind viele Elemente auf das Think-Pair-Share-Prinzip abgestimmt. Dies erfordert von den Lernenden die Fähigkeit, sich konzentriert mit den Lerninhalten auseinanderzusetzen und diese kooperativ mit einem Partner zu erarbeiten. Da sich die Lernenden in großen Stücken selbstständig um die Vermittlung des fachlichen Wissens kümmern müssen, entsteht zwischen den Lernpartnern eine gewisse Abhängigkeit bzw. Verbindlichkeit, die sie zum selbstständigen Arbeiten anregen soll. Die Lernenden sind mit Partnerarbeiten vertraut. Dementsprechend ist die Kooperations- und Teamfähigkeitskompetenz bei allen anwesenden Lernenden zufriedenstellend ausgeprägt. Besonders **L1, L2**, L3 und L4 fallen hierbei positiv auf. Sie halten sich gewissenhaft an Partner- bzw. Gruppenarbeitsregeln und helfen ihrem Lernpartner bei Schwierigkeiten. Sie treiben das Unterrichtsgeschehen fortwährend voran und stellen sich auch des Öfteren freiwillig zur Verfügung, wenn es um die

---

[32] Vgl. Mattes, W.: Methoden für den Unterricht. Kompakte Übersichten für Lehrende und Lernende, 2011, S. 180 f.

Präsentation von Gruppenergebnissen geht. Die Klasse besitzt eine gute Sozial- und Arbeitskompetenz. Die Lernenden beteiligen sich aktiv am Unterrichtsgeschehen, indem sie Rückfragen stellen und sich gegenseitig bei der Erarbeitung neuer Inhalte unterstützen. In diesem Bereich sind vor allem **L5**, **L6** und L7 als stark einzuschätzen. Sie bringen oftmals ein gutes Vorwissen mit und beteiligen sich mit qualitativ hochwertigen Beiträgen am Unterrichtsgespräch. Besonders **L7** Engagement und Leistung ist bemerkenswert. Er vertieft das Unterrichtsgeschehen durch weitere Nachforschungen und treibt Diskussionen an, indem er kritische Fragen an den fachlichen Input stellt. Die Lernende **L10** wird mit dem Förderschwerpunkt „emotionale Entwicklung und Lernen" inklusiv beschult. Dem Erdkundeunterricht darf sie beiwohnen. Es fällt ihr grundsätzlich schwer, sich über einen bestimmten Zeitraum zu konzentrieren und sich auf eine Aufgabe zu fokussieren.

Ich habe mich für diese Lerngruppe entschieden, weil sich ein überaus positives Schüler-Lehrer-Verhältnis zu den Lernenden entwickelt hat. Zum einen lässt sich dies an der guten Arbeitsmoral, zum anderen am fachlichen Interesse der Lerngruppe feststellen. Aber auch untereinander kommen die Lernenden gut zurecht. Den Lernenden ist das Themengebiet nicht unbekannt. Sie sind an gesellschaftlichen Themen interessiert und verfolgen Nachrichten über die Umweltentwicklungen der letzten Jahre und über den Eingriff des Menschen in die Natur. In diesem Zusammenhang sei erwähnt, dass die Lerngruppe am diesjährigen Sauberhaften Schulweg teilgenommen hat und einen klasseninternen Mülltrennungsdienst besitzt. Überdies haben die Lernenden im Zuge vorheriger Unterrichtseinheiten, sei es im Erdkundeunterricht oder auch in anderen Fächern, einen Einblick in die Themen *Nachhaltigkeit, Umweltschutz* und *Klimawandel* bekommen, auf denen die vorliegende Einheit aufbauen kann. In Anbetracht anhaltender epidemiologischer Umstände möchte ich der Lerngruppe auch den Unterricht im Freien nicht vorenthalten. Meines Erachtens löst diese Art von Unterricht bei den meisten Lernenden einen Motivationsschub aus, der sich im Idealfall auch auf den Rest der Gruppe überträgt, wodurch konstruktiv und produktiv gearbeitet werden kann. Auch wollte ich der inklusiv beschulten Lernenden ein besonders ertragreiches Lernen ermöglichen.

3.5 Planung der Unterrichtssequenzen

Die Unterrichtseinheit besteht aus fünf Sequenzen. Zur besseren Übersicht wird dies in tabellarischer Form dargestellt:

Sequenz	Thema	Inhalt der Stunde	Stundenziel	Hauptkompetenz
1	Rund ums Thema Nachhaltigkeit	- Was bedeutet der Begriff „Nachhaltigkeit"? - Was kenne ich aus meinem Alltag, was nachhaltig ist? - Eine Mindmap erstellen	Die Lernenden erstellen eine Mindmap zum Thema „Nachhaltigkeit", indem sie damit zusammenhängende Bereiche nennen und erste Zusammenhänge erläutern.	Geographische Analysekompetenz
2	Das Insektenhotel	- Welche Insekten benutzen das Insektenhotel? - Was ist ein Insektenhotel? - Welche Materialien eignen sich dafür? - Expertenrunde mit dem NABU	Die Lernenden lernen fünf beispielhafte Vertreter der Insektenart „Wildbiene" kennen, indem sie verschiedene Steckbriefe sortieren und der jeweiligen Wildbienenart passend zuordnen.	Geographische Analysekompetenz
3	Wildbienen in ihrer natürlichen Umgebung	- Wo leben Wildbienen? - Welche Aufgaben habe sie? - Welche Rolle spielen sie für die Natur? - Unterrichtsgang (Biotop)	Die Lernenden erklären, welche Rolle Wildbienen bei der Bestäubung spielen, indem sie eigenständig einen geeigneten Untersuchungsgegenstand finden, diesen empirisch beobachten und ihre Beobachtungen dokumentieren.	Räumliche Orientierungskompetenz
4	Das Leben der Gehörnten Mauerbiene.	- Wie sieht der Lebenszyklus einer Wildbiene aus? - Welche Entwicklungsstadien durchläuft sie?	Die Lernenden können den Nutzen einer Nisthilfe für Wildbienen erläutern, indem sie den Lebenszyklus der Gehörnten Mauerbiene beschreiben.	Geographische Analysekompetenz
5	Unser Insektenhotel wird gebaut	- Bau des Insektenhotels - Reflexion des Projekts	Die Lernenden leisten einen Beitrag zum Umweltschutz, indem sie eine geeignete Nisthilfe für Wildbienen herstellen.	Geographische Methodenkompetenz

3.6 Didaktische Überlegungen

Der Bau eines Insektenhotels kann als ein Zugang zur aktiven Umsetzung des Nachhaltigkeitsgedankken verstanden werden. Vor diesem Hintergrund führt die Reflexion der eigenen Gestaltung, von der Planung, über die Durchführung bis hin zur Präsentation bzw.

Metareflexion dazu, dass sich die Lernenden der Komplexität des Umweltsystems bewusst werden und dadurch ihre bisherigen Auffassungen überdenken bzw. daran anknüpfen. Ein „Anknüpfen an eigene […] Erfahrungen und Empfindungen"[33] befähigt die Lernenden sowohl neue Weltanschauungen zu entwickeln als auch alte Denk- und Sichtweise zu bestärken bzw. zu überdenken. Einerseits liegt darin die Relevanz der Thematik für den Unterricht begründet, andererseits wird dem Prinzip des Globalen Lernens[34] Rechnung getragen.

Der intensive Umgang mit der vorliegenden Thematik fördert nicht nur die Kernkompetenzen des Fachs Erdkunde, sondern bietet auch die Möglichkeit, fächerübergreifend Kompetenzen zu schulen. Exemplarisch hierfür könnte der Biologieunterricht herangezogen werden, in dem die Lernenden weitere Nisthilfen für andere Insekten- und Tierarten bauen oder ein klasseninternes Biotop im Schulgarten anlegen. Im Rahmen der Wortschatzarbeit könnten mit der Thematik assoziierte Wörter im Deutschunterricht als Schreibanlass für Schreibprodukte verwendet werden. Im Kunstunterricht könnten, im Zeichen der Nachhaltigkeit, Bilder oder Collagen erstellt werden.

Das Verstehen von Systemen und die Schulung der Verantwortung gegenüber Natur und Umwelt fördern in vielerlei Hinsicht auch die Urteils- und Kommunikationskompetenz der Lernenden. Es ist ihnen möglich die „Welt zu erschließen [,] sich selbst wahrzunehmen, Werthaltungen zu entwickeln und eigene Positionen begründet zu vertreten".[35]Die Lernenden erhalten die Möglichkeit mehrperspektivisch zu lernen, da sie nicht nur Betroffene, sondern auch Beurteilende und schließlich Handelnde sind. In diesem Zusammenhang darf auf die Gegenwarts- und Zukunftsbedeutung[36] der Thematik hingewiesen werden. Gerade in Zeiten, in denen der menschliche Eingriff in die Umwelt in großen Sprüngen voranschreitet, ist es wichtig über das Ausmaß dessen nachzudenken und die sich daraus ergebenden Langzeitfolgen kritisch zu hinterfragen. In Hinsicht auf das Leben außerhalb des schulischen Alltags ist dies von großer Relevanz. Die Lernenden werden sich immer wieder in Situationen wiederfinden, in denen sie sich als Akteur des Systems Umwelt verstehen müssen. Die Reflexion des eigenen Handelns verhilft den Lernenden zur gesellschaftlichen Teilhabe. Sie verstehen sich als Teil des gesellschaftlichen Systems und reflektieren aus diesem unmittelbaren Affekt heraus ihre subjektiven Auffassungen. Dadurch können zukünftige Lern- und Lebenslagen eigenständig gemeistert werden.[37]

---

[33] HKM (Hrsg.): Bildungsstandards und Inhaltsfelder, 2011, S. 12.
[34] Vgl. Rinschede, G.: Geographiedidaktik. 4. Auflage, 2020, S. 54 f.
[35] HKM (Hrsg.): Bildungsstandards und Inhaltsfelder, 2011, S. 11.
[36] Vgl. Klafki, W.: Neue Studien zur Bildungstheorie und Didaktik, 1991, S. 270 ff.
[37] Vgl. ebd., S. 270 ff.

Auch wird dem Prinzip der Umwelterziehung[38] entsprochen, indem die Lernenden aktiv an einer umweltschützenden Maßnahme persönlich mitwirken. Dies fördert die Entwicklung einer langfristigen Verhaltensänderung. Eine Beschäftigung mit den Insekten spricht sie außerdem auf der emotionalen und affektiven Ebene an. Dies trägt zur Entwicklung von Wertehaltungen in Bezug auf Arten- und Naturschutz bei. [39] Die Erkenntnisse aus dieser Einheit sind im Bereich der Umwelterziehung anzusiedeln und können auch auf andere Umweltthematiken übertragen werden. Diese Tatsache lässt sich mit Klafkis Prinzip der Exemplarität[40] beschreiben. Die didaktische Reduktion erfolgt insoweit, als dass die Lernenden sich nur mit den Wildbienen und im Speziellen mit der Biologie der Gehörnten Mauerbiene beschäftigen.

3.7 Methodische Überlegungen

Die Unterrichtseinheit ist in ihrer Grundidee in drei Phasen unterteilt. In der ersten Phase geht es darum, die Problematik zu erkennen. Im zweiten Schritt sollen die Lernenden die Problematik bewerten und beurteilen. In der abschließenden Phase geht es um den Handlungsaspekt, indem die Lernenden aktiv den Projektbau in Angriff nehmen. Bei der Planung der Einheit habe ich mich an Hilbert Meyers Merkmale für gute Unterrichtsführung orientiert. Ein Schwerpunkt liegt auf der Methodenvielfalt, die sich aus der Anwendung verschiedener Unterrichts- und Sozialformen ergibt. Einerseits ist dies erforderlich, um den Lernertrag zu steigern, andererseits um das Interesse und die Motivation der Lernenden am Unterrichtsthema zu garantieren. Bereits der Begriff *Projekt* impliziert eine Herangehensweise, die sich sowohl aus Einzel- als auch aus Partnerarbeiten bildet. Auf der einen Seite sehen sich die Lernenden in der individuellen Verantwortung, die sich im Rahmen der zu bearbeitenden Aufgaben äußert, auf der anderen Seite erfahren sie in Hinsicht auf das Gesamtergebnis der Partner- bzw. Gruppenarbeit eine positive Abhängigkeit.

Die erste Sequenz dient als Ein- bzw. Hinführung in die Thematik und eröffnet im Sinne des Prozessmodells eine große Bandbreite an Lernwegen und Verknüpfungspunkten, die im Laufe der Unterrichtseinheit immer wieder thematisiert und vertieft werden. Der Einstieg soll den Lernenden einen groben Überblick über den Begriff der Nachhaltigkeit geben. Auf diese Weise wird ein fachliches Grundgerüst geschaffen, auf das sich die Lernenden auch in den Folgestunden zurückbeziehen können. Aus diesem Vorgehen

---

[38] Vgl. Rinschede, G.: Geographiedidaktik. 4. Auflage, 2020, S. 187 f.
[39] Vgl. ebd., S. 180.
[40] Vgl. ebd., S. 270 ff.

deduktiver Natur kann im weiteren Verlauf vom Allgemeinen auf das Spezielle geschlossen werden. Mithilfe der Mindmap wird einerseits das Vorwissen der Lernenden aktiviert, andererseits kann somit auch der aktuelle Lernstand der Lerngruppe festgestellt werden. Eine Alternative zur Mindmap könnte die Erstellung einer Wortwolke oder eine Bildbeschreibung sein, die im Sinne der Problemorientierung getätigt worden wäre. Darauf ist jedoch verzichtet worden, da der Schwerpunkt dieser Methoden nicht auf das Verknüpfen, sondern auf das Sammeln von Begriffen und Eindrücken liegt. Mithilfe der Mindmap sollen sich die Lernenden zunächst einen Überblick verschaffen und darüber hinaus auch erste Verknüpfungen und Wechselwirkungen zwischen den gesammelten Begriffen erkennen. Die Mindmap-Methode ist den Lernenden bereits aus vorangegangenen Stunden bekannt und wird nicht zum ersten Mal erprobt. Die Ritualisierung einer Methode wirkt sich positiv auf das Lernklima aus, verleiht zusätzlich Sicherheit und dient als Entlastung.[41] Die Enthüllung des Endprodukts schafft inhaltliche Transparenz und die Lernenden erhalten so einen Eindruck über das zu erreichende Ziele der Einheit.

Der Inhalt der zweiten Sequenz baut auf den zuvor erarbeiteten Leitfragen auf. Mithilfe der Erkenntnisse wird eine konkrete Problematik zum Untersuchungsgegenstand *Wildbiene* erarbeitet. Eine Thematik globalem Ausmaßes wird somit auf die wesentlichen Inhalte heruntergebrochen und an einem konkreten Beispiel erarbeitet. Dadurch wird es für die Lernenden einprägsamer. Der Austausch mit einem Experten dient als weiterer Schritt der Spezialisierung, aber auch als Motivationsschub. Einerseits wird den Lernenden die Tragweite der Thematik bewusst, andererseits können sie sich weiterhin mit dem Unterrichtsgegenstand identifizieren.

In der darauffolgenden Sequenz gilt es im Sinne der Realbegegnung den Lebensraum der Wildbiene zu erkunden. Die Lernenden haben die Möglichkeit mit allen Sinnen zu lernen und sich auf emotionaler Ebene mit dem Thema auseinanderzusetzen. Dies hat zur Folge, dass sie nicht nur als außenstehende Betrachter eines Sachverhalts fungieren, sondern affektorientiert an der Thematik teilhaben. Dieser Aspekt, der dem Sinn des Lebensweltbezugs entspricht, wirkt sich motivierend auf das Interesse der Lernenden aus. Auch der Bau des Insektenhotels lässt sich an diesen Punkten legitimieren und begründen. Unter dem Aspekt *Kompetenzen stärken und erweitern* sollen sich die Lernenden in der Position sehen, aktiv ein Umweltprojekt gestalten zu können. Die persönliche Teilhabe soll die Empfindung von Empathie fördern.

---

[41] Vgl. Meyer, H.: Unterrichtsmethoden II: Praxisband, 2010, 2. 191.

In der abschließenden Reflexion der Einheit wird das Bild einer halbierten Avocado gezeigt. Die Avocado steht symbolhaft für den Kern und die Erkenntnis der Einheit. Diese Form der Reflexion ist ritualisiert und soll als Schreib- und Diskussionsanlass verstanden werden. Um dies zu unterstützen, wird den Lernenden eine Hilfestellung vorgegeben, mit dem sie ihre Reflexion beginnen können. Unter Einbezug der eingangs gestellten Leitfragen reflektieren die Lernenden über ihre Rolle im Umweltsystem und stellen Überlegungen über weitere Anknüpfungspunkte an, indem sie ihre Erkenntnisse auf andere Umweltthematiken übertragen.

4 Durchführung

4.1 Analyse der Einzelsequenzen

Sequenz 1:

Die erste Sequenz der Unterrichtseinheit war als thematische Einführung gedacht. Aufgabe der Lernenden war die Erstellung einer Mindmap zum Begriff *Nachhaltigkeit*. Leitfragen, die das initiiert haben, waren unter anderem „Was verstehe ich unter dem Begriff der Nachhaltigkeit?", „Habe ich diesen Begriff in irgendeinen Zusammenhang schon einmal gesehen?", „Was stelle ich mir unter diesem Begriff vor?" sowie „In welchen Bereichen des Lebens könnte dieser Begriff wichtig sein?". Die Erstellung der Mindmap soll als eine Art Lernstandserhebung verstanden werden und eine ersten strukturellen Rahmen bieten. Außerdem dient sie zur Aktivierung etwaiger Vorkenntnisse. Die Lerngruppe konnte gute bis sehr gute Beiträge diesbezüglich liefern und interessierte sich umgehend für die Thematik. Viele Lernende hatten bereits konkrete Vorstellungen und haben diese auch im Unterrichtsgespräch eingebracht. Es entstand ein produktives Lernklima, aus dem schülernahe Gespräche hervorgingen. Hervorzuheben ist, dass **L1** und **L11** besonders gute Leistungen erbringen konnten. **L1** berichtete, dass ihre Familie Bienenstöcke hält und Honig herstellt. **L11** hingegen verbringt sehr viel Zeit auf dem Bauernhof ihrer Großeltern. Gerade persönliche Erfahrungen der Lernenden haben einen hohen Ertrag und sind hinsichtlich des Lernerfolgs enorm nachhaltig. Aufgrund der großen Vorfreude auf das anstehende Projekt kam es in der Klasse hin und wieder zu Störungen, die aber angesichts vorangegangener pandemiebedingter Einschränkungen durchaus nachvollziehbar waren. Alle Lernende konnten zur Thematik Stellung nehmen und ihre Vorstellungen verschriftlichen. Aus den Beiträgen ging hervor, dass sich die Lernenden sehr wohl der großen Bedeutung der Thematik bewusst sind.

Sequenz 2:

In der zweiten Sequenz haben sich die Lernenden mit dem Produkt des Projekts befasst. In Zusammenarbeit mit dem NABU hat sich die Lerngruppe zunächst das Objekt im Schulgarten angeschaut. Im Rahmen eines frageentwickelnden Unterrichts im Freien beobachteten die Lernenden das Insektenhotel genau und dokumentierten ihre Beobachtungen. Aus dieser Bestandsaufnahme haben sich Fragen in Hinsicht auf Materialeinsatz, Materialbeschaffung und Artenschutz eröffnet. Die Lernenden hatten großes Interesse daran, sich Gedanken über das spätere Aussehen des Objekts zu machen und diese skizzenhaft in architektonischer Natur aufzuzeichnen. **L12** und **L3** haben ein besonders großes Engagement an den Tag gelegt. Im weiteren Verlauf hat sich die Lerngruppe mit der Thematik *Wildbienen* auseinandergesetzt. Im Rahmen dessen wurden die Lernenden partnerweise dazu aufgefordert, kurze Artportraits exemplarischer Wildbienenarten der jeweiligen Abbildung zuzuordnen. Die Artportraits enthielten grundlegende Informationen über das Aussehen und Biologie der Tiere. Daher konnte die Zuordnung auch ohne Vorkenntnisse erfolgen. Ziel war es, einerseits den Lernenden die Artenvielfalt der Wildbiene aufzuzeigen, andererseits sollten sie einen Überblick über die biologischen Eigenschaften der Tiere bekommen, für die das Insektenhotel relevant ist. Insgesamt lässt sich festhalten, dass der Besuch externer Fachleute sehr positiv angekommen ist. Aus dem Unterrichtsgespräch ging hervor, dass die Lernenden in der Lage waren, Ursachen und Gründe für das Absterben der Wildbienen zu nennen. Die angesetzte Dauer von zwei Schulstunden war ausreichend. Die Lernenden hatten die Möglichkeit, ihre Fragen an den Experten zu stellen, aber auch anhand ihrer Beobachtungen zu klären. Das Unterrichten im Freien kam gut an, jedoch litt auch die Aufmerksamkeit mancher Lernender darunter. Oftmals musste ich beispielsweise **L10** und **L11** darauf aufmerksam machen, ihr Smartphone nicht während der Schulzeit zu benutzen. Als Gegenreaktion darauf habe ich um die Hilfe einer weiteren Lehrkraft gebeten, die mit mir gemeinsam die Lerngruppe bei erneutem Gang ins Freie beaufsichtigen sollte.

Sequenz 3:

Inhalt der dritten Sequenz war die Erkundung des natürlichen Lebensraums der Wildbiene. Die Zusammenarbeit mit dem NABU und der Sozialagentur Fortuna ergab die Möglichkeit auf einen Ausflug ins nahegelgene Biotop. Ziel dessen war es, den Lernenden einen Einblick über den natürlichen Lebensraum der Wildbiene zu geben und das Arbeiten im Gelände zu fördern. Die Lernenden hatten Gelegenheit, sich frei und selbstorganisiert im Biotop zu bewegen, Insekten und Pflanzen abzufotografieren bzw. zu dokumentieren sowie geeignete Materialien für das Insektenhotel zu sammeln. Ich habe mich bewusst dazu entschieden keine Gruppen festzulegen, da die Lerngruppe über ein ausgezeichnetes Sozialgefüge verfügt und sich im Vorfeld bereits Erkundungsgruppen unterschiedlicher Größen gebildet hatten.

Begleitend dazu sind die Lernenden über die Thematik von der lokalen Zeitung interviewt worden. Sie konnten ihren bisherigen Wissensstand einbringen und sogar in Hinsicht auf die Umgestaltung des Biotops produktive Anregungen äußern. Der Schüler L7 machte vor laufender Kamera auf den Umstand aufmerksam, dass im Biotop Insektenhotels aufgestellt, ein Froschteich und Kräutergärten angelegt werden könnten. Letztere könnten für die schuleigene Küche benutzt werden. Allen Lernenden hat der Unterrichtsgang großen Spaß bereitet. Besonders bei **L11**, die inklusiv beschult wird und im Unterricht öfters durch Störungen auffiel, konnte ich ein großes Interesse feststellen. Die Schülerin ging ihren Aufgaben gewissenhaft nach, verhielt sich äußerst kooperativ und ließ keine Gelegenheit aus, über die beobachteten Insekten und Pflanzen Fragen zu stellen. Am Ende des Unterrichtgangs sollte sich jeder Lernende eine Sache aus dem Biotop als Andenken mitnehmen. Die meisten nahmen Blumen oder Zweige mit. Das Highlight jedoch war das Auffinden einer Eierschale. Organisatorisch betrachtet, haben sich keine nennenswerten Schwierigkeiten aufgetan. Positiv hervorzuheben ist die Zusammenarbeit mit einer zusätzlichen Lehrkraft.

Sequenz 4:

In der vierten Sequenz haben sich die Lernenden mit dem Lebenszyklus der Gehörnten Mauerbiene beschäftigt. Hierdurch sollte der aktuelle Wissensstand an einem konkreten Beispiel vertieft werden. Darüber hinaus sollte, bevor es an den eigentlichen Bau einer Nisthilfe geht, die Nutzung jener durch das Insekt aufgezeigt werden. Dazu haben die Lernenden paarweise im Internet eigene Recherchen betrieben und ihre Erkenntnisse verschriftlicht. Daneben haben sie das dazugehörige Arbeitsblatt bearbeitet. Die Ergebnisse vorangegangener Stunden verhalfen dabei neue Erkenntnisse zu verknüpfen und zu vertiefen. Da die PC-Räume pandemiebedingt nicht zugänglich waren, durften die Lernenden ihre Smartphones für die Recherche benutzen. Allerdings habe ich diese Herangehensweise für kommende Stunden aufgeben müssen, da sich die Lernenden zunehmend ablenken ließen und sich oftmals anderweitig mit ihrem Smartphone beschäftigten. Auch nach mehrfacher Ermahnung konnten sich **L11** und **L3** nicht an den Arbeitsauftrag halten. Diesen Lernenden musste ihr Handy sogar abgenommen werden. Dennoch bot sich die Internetrecherche als Arbeitsauftrag an, da es ein großes Spektrum geeigneter Internetseiten gibt, die diese Thematik ausgiebig erläutern. Als Hausaufgabe sollte sich die

Lerngruppe nochmals das gesammelte Nistmaterial anschauen und auf seine Eignung überprüfen.

Sequenz 5:

In der letzten Sequenz ging es zum einen um den Bau des Insektenhotels, zum anderen um die Nachbesprechung des Projekts. Ursprünglich war es geplant, dass die Lernenden den Bau des Insektenhotels innerhalb der drei letzten Erdkundestunden in Angriff nehmen. Schnell wurde mir klar, dass der zeitliche Rahmen nicht ausreichen würde. Aus diesem Grund kam mir die Idee, die Lernenden an mehreren Nachmittagen mit dem Bau zu beauftragen. Dies stieß nur auf begrenzte Begeisterung innerhalb der Lerngruppe, weshalb ich mich für eine kleinschrittigere Herangehensweise entschloss, die jedoch eine Fertigstellung des Projekts erst im neuen Schuljahr vorsieht. Vor diesem Hintergrund bekamen die Lernenden eine Bauanleitung für eine eigene Nisthilfe, die sie zu Hause über die Ferien anfertigen sollten. Die letzte Stunde vor den Ferien war der Reflexion des bisherigen Projektverlaufs gewidmet. Einerseits dient dieser Schritt der Ergebniskontrolle und der Überprüfung des Lernstands, andererseits sollte auch auf weiterführende Aspekte hingewiesen werden. Aus der Reflexion des Projekts ging hervor, dass alle Lernenden mit dem Unterrichtsformat gut zurecht kamen. Dementsprechend positiv fiel auch die Bewertung der Einheit aus. Die Tatsache, dass das Projekt erst im neuen Schuljahr fertiggestellt wird, traf auf gemischte Gefühle. Einige Lernende empfanden es als frustrierend, andere wiederum hatten dafür Verständnis. Meines Erachtens bestünde hier definitiv Nachbesserungsbedarf. Bei erneuter Erprobung müsste mehr Zeit für die handwerkliche Arbeit eingeplant werden.

4.2 Analyse der didaktischen-methodischen Entscheidungen

In Anbetracht der didaktisch- methodischen Überlegungen kann festgehalten werden, dass die getroffenen Überlegungen gut bis sehr gut funktioniert haben. Es hat sich gezeigt, dass das Thema eine lebendige Stellung im Leben der Lernenden einnimmt und sie hochgradig interessiert. Die sehr gute Arbeitsmoral der Lernenden unterstreicht dies zusätzlich. Das positive Lernklima hat sich nachhaltig auf den Lernertrag ausgewirkt. Das Projekt ist von allen Lernenden mit Freude begrüßt worden. Lernende, die im Unterricht unauffällig und sich eher still verhalten, haben sich an der Verwirklichung des Projekts beteiligt. Auch im Rahmen der verwendeten Methodik sind keine nennenswerten Probleme aufgetreten. Die angewandten Sozialformen sind den Lernenden bestens bekannt, weshalb ich da keine Änderung als notwendig erachtet habe. Die Einheit war in sich geschlossen, transparent und abwechslungsreich. Skepsis überkam mich beim grundlegenden methodischen Ansatz der Einheit, da meine Art und Weise, wie ich für gewöhnlich Unterricht abgehalten habe, sich am problemorientierten Ansatz orientierte. Ich war der Annahme, dass die Lernenden schnell die Motivation am Unterrichtsgegenstand verlieren, wenn ihnen im Vorfeld des Vorhabens die Lösung dessen gezeigt würde. Allerdings wurde ich eines Besseren belehrt und mit Bewunderung konnte ich feststellen, dass, auch wenn den Lernenden das Endprodukt gezeigt wird, sich dies in keiner Weise negativ auf ihr Arbeitsverhalten auswirkt. Vielmehr kam es zum gegenteiligen Effekt. Die Lernenden hatten eine Vorstellung des Istzustandes des Objekts bekommen und konnten sich somit auf konkrete Problemfelder fokussieren. Gerade weil sie das Endprodukt vor ihren Augen hatten, bemühten sie sich, dies zu erreichen. Konkret gesagt, haben sich die Lernenden auf das Gelingen des Projekts fokussiert. Dieses Prinzip werde ich auch weiterhin beibehalten und auf andere Thematiken übertragen. Meines Erachtens eignen sich Themen besonders dafür, die im Rahmen der Nachhaltigkeit bzw. des Globalen Lernens behandelt werden.

Die Mischung aus handlungs-/produktionsorientiertem Unterricht mit Phasen des selbstorganisierten Lernens und Unterricht mit Realbegegnungen wirkte sich sehr positiv auf das Lernklima und die Motivation der Lerngruppe aus. Die Lernenden hatten die Möglichkeit, an konkreten Gegenständen und realen Gegebenheiten erfahrungsbasiert zu lernen. Dabei sind mehrere Lernkanäle angesprochen worden. Die Lernenden hatten die Möglichkeit unterschiedliche Pflanzen- und Insektenarten in natura zu beobachten.

Darüber hinaus hat sich die Kontaktaufnahme mit dem NABU bezahlt gemacht. Das Projekt ist auch klassenübergreifend auf großes Interesse gestoßen. In Zusammenarbeit mit der Fachschaft Biologie und der Garten AG soll nun die Idee aufgegriffen und weitere Insektenhotels auf dem Schulgelände angebracht werden. Den Lernenden konnte die Botschaft der Selbstbeteiligung und Selbstgestaltung vermittelt werden. Einerseits haben sie erkannt, dass sie ein Teil des Umweltsystems sind, andererseits aber auch, dass mit vermeintlich begrenzten Mitteln ein großer Beitrag zum Umwelt- und Artenschutz geleistet werden kann.

Verbesserungspotenzial sehe ich im Bereich der Orientierung. Da das Unterrichtsformat in weiten Teilen außerhalb des Klassenraums stattgefunden hat, hatte ich auf die Erstellung eines Advanced Organizers verzichtet. Im Nachhinein würde ich ein derartiges Konstrukt einführen, da auch organisatorische Funktionen damit abgedeckt werden. So konnten einige Lernende, die zuvor krank waren und dann wieder in den Unterricht gekommen sind, in einigen Fällen nicht die zuvor behandelten Schritte nachvollziehen. Weiterhin ist ein ausgiebiger Kommunikationsaustausch ratsam, wenn externe Personen in den

Unterricht eingebunden werden sollen. In Anbetracht dessen wäre eine thematische Eingrenzung sinnvoll gewesen, da die Lernenden zeitweise mit biologischen Fachbegriffen konfrontiert waren und dies zu einer Überforderung der Lernenden führte.

5 Evaluation

Zum Abschluss dieser Arbeit möchte ich nochmals auf die Wirksamkeit der erprobten Unterrichtseinheit eingehen. An dieser Stelle sei erwähnt, dass es mein persönliches Anliegen war, ein Lernangebot bereitzustellen, dass die Interessen der Lernenden abdeckt und zudem performativer Natur entspricht. Auch sollte sie als Sprungbrett dienen, das den Lernenden einen multiperspektivischen Blick über den Tellerrand hinaus ermöglicht. Eine Intention war es, die Lernenden zur aktiven Gestaltung zu motivieren. Darüber hinaus wurden sie ermutigt, sich selbst als Teil des Systems zu begreifen und Umweltproblematiken nicht nur aus dem Affekt heraus, sondern im Sinne einer nachhaltigen und zukunftsweisenden Herangehensweise aktiv anzugehen.

In Hinsicht auf die aufgeführten Lernziele kann folgendes konstatiert werden. Im Bereich der Mesoebene haben die Lernenden den Zusammenhang zwischen dem menschlichen Eingriff und dem Verlust der Biodiversität deutlich erkennen können. Ausschlaggebend hierfür waren vor allem die Expertenbesuche und -gespräche, die nach wie vor eine große Wirkung auf die Lerngruppe zeigten. Eine wichtige Erkenntnis war es, dass die Lernenden ihren Einfluss auf die Umwelt für sich entdeckt haben. Ihnen ist klar geworden, dass es keinesfalls große Bemühungen braucht, um aktiv die Umwelt zu gestalten und nachhaltig zu agieren. Sie waren sich der Tragweite des Problems bewusst und haben auch über ihr eigenes Konsumverhalten reflektieren können. Unter anderem ist ihnen dies anhand des Arbeitsblattes I und II deutlich geworden. Die Erkenntnisse aus der abschließenden Reflexion lassen sich am besten mit dem Satz *„Mit kleinen Dingen Großes bewirken"* zusammenfassen.

Darüber hinaus konnte ich eine emotionale Bindung der Lernenden zur Thematik feststellen. Vor allem hat sich dies im Zuge der Realbegegnung gezeigt. Die Lernenden haben den natürlichen Lebensraum der Wildbiene mit den Lebensräumen ihrer alltäglichen Welt in Verbindung gebracht und über diese reflektiert. Konkreter gesagt, haben sich die Lernenden in diesem Kontext immer wieder die Frage gestellt „Was kann ich persönlich tun, um nachhaltig zu sein?". Vor diesem Hintergrund lässt sich zwar kein abschließendes Fazit über das Erreichen der Makrolernziele treffen, jedoch ist dies ein Indiz dafür, dass eine Sensibilisierung in puncto Nachhaltigkeit erreicht worden ist.

Rückblickend konnte ich zahlreiche Erkenntnisse für meinen weiteren Verlauf als Lehrkraft gewinnen. Allen voran konnte ich beobachten, wie wichtig die Faktoren Erlebnis und eigene Erfahrung für den Lernertrag sind. Zweifellos hatten diese Faktoren den größten auf den Lernertrag und die Lernmotivation. Im Sinne eines sich positiv verstärkenden Teufelskreises haben sich Lernende und Lehrender durchgehend gegenseitig motiviert. Insgesamt war es eine schöne und gewinnbringende Erfahrung, die ich ohne schlechtes Gewissen jederzeit empfehlen kann. Auch wenn die Thematik *Insektenhotel* abgeschlossen ist, werde ich die Grundgedanken dieser Einheit beibehalten und auch auf andere Projekte anwenden.

6 Anhang

6.1 Lernstandraster der Klasse XY

Lernende / Kategorien	L1	L2	L3	L4	L5	L6	L7	L8
1. Fachliche Lernausgangslage								
1.1 Vorwissen zur Unterrichtseinheit								
Vorwissen zu den Leitbildern des Themas Nachhaltigkeit	++	+	++	++	++	++	++	++
Grundkenntnisse über die Wechselwirkungen im Mensch-Umwelt-System	+	+	++	++	++	++	++	++
1.2 Fachspezifische Kompetenzen								
Fachwissen	+	+	+	++	++	++	++	++
Erkenntnisgewinnung/Methoden	+	+	++	++	++	++	++	++
Kommunikation	+	+	++	++	++	++	+	++
Bewertung/Beurteilung	++	+	++	++	++	++	++	++
Handlung	++	++	++	++	+++	++	++	++
2. Überfachliche Lernausgangslage								
2.1 Methodenkompetenz								
Einzelarbeit	+	++	+	++	++	++	++	++
Partnerarbeit	++	++	++	++	++	++	++	++
Gespräch im Plenum	++	++	++	++	+++	++	+	+++
2.2 Überfachliche Kompetenzen								
Sozialkompetenz	++	++	++	++	++	++	+	+++
Sprachkompetenz	+	+	+ +	++	++	++	++	++

+ = unterdurchschnittlich ausgeprägt

++ = durchschnittlich ausgeprägt

+++ = überdurchschnittlich ausgeprägt

grün = leistungsstark gelb = durchschnittlich leistungsstark rot = leistungsschwächer/ langsamer

Lernende Kategorien	L9	L10	L11	L12	L13	L14	L15	L16
1. Fachliche Lernausgangslage								
1.1 Vorwissen zum Stundenthema								
Vorwissen zu den Leitbildern des Themas Nachhaltigkeit	++	+++	++	++	++	+++	+++	++
Grundkenntnisse über die Wechselwirkungen im Mensch-Umwelt-System	++	++	++	++	+++	++	++	++
1.2 Fachspezifische Kompetenzen								
Fachwissen	++	++	++	++	+++	+++	++	++
Erkenntnisgewinnung/Methoden	++	++	++	++	++	++	++	++
Kommunikation	++	++	++	++	+++	++	++	++
Bewertung/Beurteilung	++	++	++	++	+++	+++	++	++
Handlung	++	+++	++	+++	++	++	+++	++
2. Überfachliche Lernausgangslage								
2.1 Methodenkompetenzen								
Einzelarbeit	++	++	++	++	+++	++	++	++
Partnerarbeit	++	++	++	++	+++	++	++	++
Gespräch im Plenum	++	++	++	++	+++	+++	+++	++
2.2 Überfachliche Kompetenzen								
Sozialkompetenz	++	++	++	++	+++	++	++	++
Sprachkompetenz	++	++	++	++	++	+++	+++	+++

+ = unterdurchschnittlich ausgeprägt

++ = durchschnittlich ausgeprägt

+++ = überdurchschnittlich ausgeprägt

grün = leistungsstark   gelb = durchschnittlich leistungsstark   rot = leistungsschwächer/ langsamer

6.2 Arbeitsblätter

Arbeitsblatt I (Mindmap)

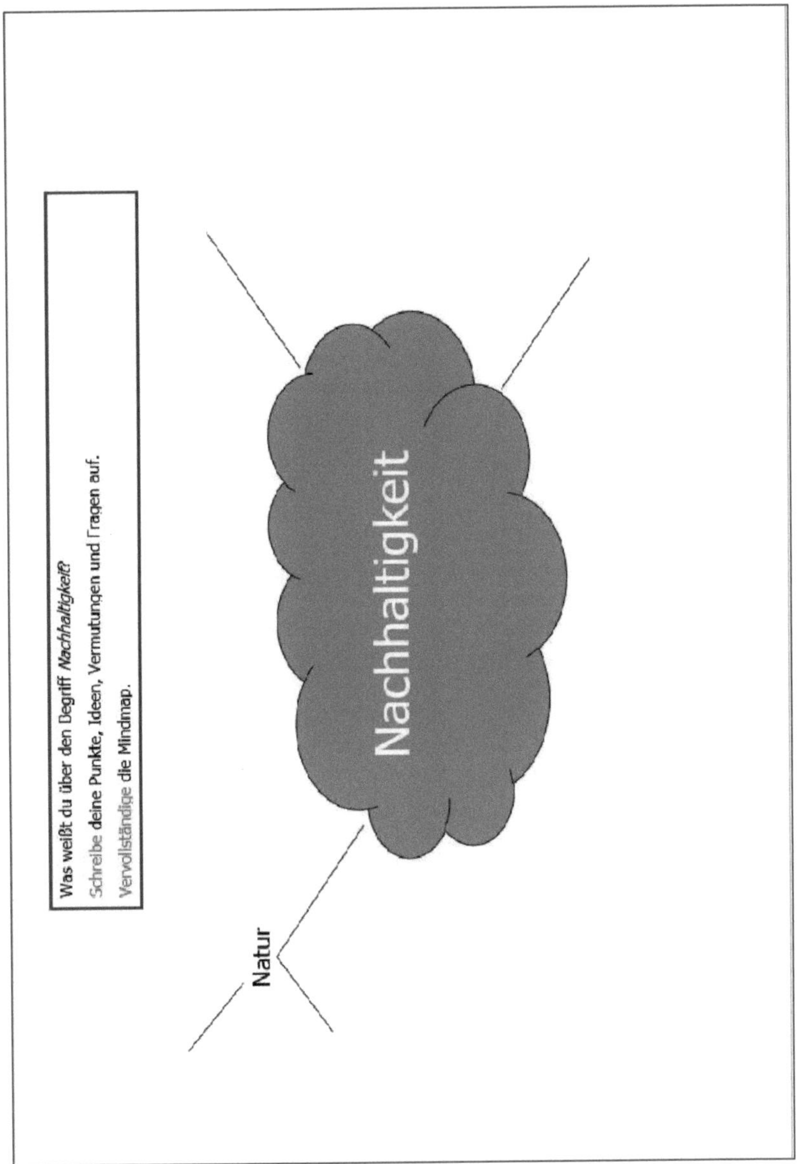

Arbeitsblatt II (Bedeutung der Wildbiene)

1. Lies dir den Text durch. Beschreibe die Bedeutung der Wildbiene für die Pflanzen.

Damit Pflanzen Früchte bilden können, müssen sie ihren Blütenstaub untereinander verteilen. Oft übertragen Insekten den Blütenstaub auf verschiedene Pflanzen. Angelockt werden sie von den bunten Blüten, die neben dem Pollen auch wertvollen Nektar enthalten. Wenn ein Insekt auf einer Blüte landet, bleibt der Staub an ihrem Körper haften.

Neben der Honigbiene spielen auch die Wildbienen eine große Rolle für die Bestäubung vieler Nutz- und Wildpflanzen. Hummeln beispielsweise können bereits bei kühlen Temperaturen ausfliegen, wenn es der Honigbiene noch zu kalt ist. Viele Wildbienen haben sich auf bestimmte Pflanzen spezialisiert und bestäuben diese besonders gut. Dabei sammeln sie den Blütenstaub nicht nur an den Hinterbeinen wie die Honigbienen, sondern oft auch am Bauch. Das erleichtert die Verteilung des Staubs.

2. Erkläre in eigenen Worten, was die abgebildeten Lebensmittel gemeinsam haben.

Anmerkung der Redaktion: Diese Abbildungen wurden aus urheberrechtlichen Gründen entfernt.

> **1.** Ordnet die Abbildungen der Wildbienen den passenden Beschreibungen zu und verbindet sie miteinander.

Beschreibung	
Die Maskenbiene hat einen auffälligen Fleck auf ihrem Kopf. Anders als bei der Honigbienen hat sie keinen behaarten Körper. Häufig haben sie eine dunkle Körperfärbung. Bei ihren Flug auf die Blüte nehmen diese Bienen den Pollen mit dem Unterkiefer auf.	
Die Hosenbienen legen ihre Larven im Boden ab. Weil sie Sand und unbebaute Böden dazu brauchen, sieht man sie nur noch in seltenen Fällen. Sie haben sich auf wenige Pflanzen spezialisiert. Auffällig sind vor allem die Haarbürsten, die sie an den Hinterbeinen tragen.	
Der Hinterleib der Blutbiene ist meistens rot gefärbt. Ebenso wie bei der Maskenbien ist ihr Körper kaum behaart. Sie legen keine eigenen Nester an, sondern dringen sie in die Nester anderer Insekten ein, zerstören dort die Eier und legen eigene hinein. Man bezeichnet sie auch als „Kuckucksbienen".	
Auch die Hummeln gehören zu den Wildbienen. Besonders häufig kommen die Dunklen Erdhummeln vor. Diese haben einen schwarz-gelben Pelz mit einem weißen Ende. Sie leben in großen Verbänden (Völkern) zusammen mit anderen Hummeln. Ihre „Flugmuskelheizung" erlaubt es ihnen, auch bei kühlen Temperaturen auszufliegen.	
Die Mauerbiene zählt zu häufigsten und bekanntesten Wildbienen. Sie hat einen orangefarbenen Hinterleib, der sehr behaart ist. Sie trägt die Pollen an ihrem Bauch von Blüte zu Blüte. Oft sieht man sie in der Nähe verlassener Häuser. Dort nistet sie sich in kleineren Ritzen im Mauerwerk ein.	

Anmerkung der Redaktion: Diese Abbildungen wurden aus urheberrechtlichen Gründen entfernt.

1. Lies dir die Bauanleitung durch und fertige eine eigene Nisthilfe für Wildbienen an.

Das benötigst du dazu:

Blechdose, hohle Holz (Schilfhalme, Bambushalme), Bohrer, Watte

Schritt 1: Stecke den Bohrer in den Halm und höhle ihn aus.

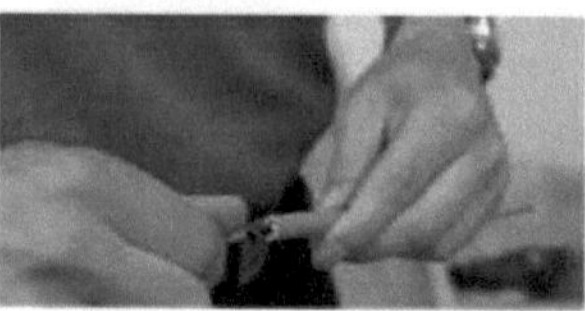

Schritt 2: Fülle ein Stück Watte in den hohlen Halm, um ihn an einer Seite zu verschließen.

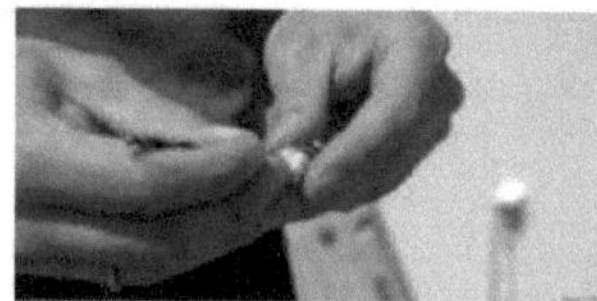

Schritt 3: Stecke so viele Halme wie nur möglich in die Dose. Du kannst die Halme auch mit einer Schnur zusammenbinden.

Falls du Hilfe beim Bau deiner Nisthilfe benötigst, darfst du dir das Erklärvideo unter dem folgenden Link anschauen:

https://www.youtube.com/watch?v=PXRrr-wnKHs&t=70s

6.3   Bilder

Bild 1: Das vorläufige Insektenhotel (eigene Fotografie)

Bild 2: Die Lernenden gehen ihrer Aufgabe im Biotop nach (eigene Fotografie)

Literaturverzeichnis

Fachcurriculum Erdkunde Hauptschule. Stand: 2020.

Schulprogramm. Stand: 2020

Hessisches Kultusministerium (Hrsg.): Bildungsstandards und Inhaltsfelder. Das neue Kerncurriculum für Hessen Sekundarstufe I – Hauptschule Erdkunde. Wiesbaden, 2011.

Klafki, Wolfgang: Neue Studien zur Bildungstheorie und Didaktik. Zeitgemäße Allgemeinbildung und kritisch-konstruktive Didaktik. Beltz, 2. Auflage. Basel/Weinheim, 1991.

Kornmilch, Johann-Christoph: Einsatz von Mauerbienen zur Bestäubung von Obstkulturen. Handbuch zur Nutzung der Roten Mauerbiene in Obstplantagen und Kleingärten. 2010.

Lutz, L./Popescu-Willigmann, S.: A1 Lernziele als Leitlinien für den Unterricht. In: Klebl, M./Popescu-Willigmann, S. (Hrsg.): Handbuch Bildungsplanung. Bielefeld 2015.

Mattes, Wolfgang: Methoden für den Unterricht. Kompakte Übersichten für Lehrende und Lernende. Schöningh/Westermann. Braunschweig, 2011.

Meyer, Hilbert: Unterrichtsmethoden. Praxisband II. Cornelsen, 13. Auflage. Berlin, 2010.

Rinschede, Gisbert: Geographiedidaktik. 4. Auflage, Verlag Ferdinand Schöningh, Paderborn, 2020.

Traub, Silke: Projektarbeit - ein Unterrichtskonzept selbstgesteuerten Lernens? Eine vergleichende empirische Studie. Klinkhardt. Bad Heilbrunn, 2012.

Westerkamp, Christian: Honeybees are poor pollinators – why? In: Plant Systematics and Evolution, 1991, Bd. 177, S. 71-75.

Westrich, Paul: Wildbienen. Die *anderen* Bienen. 5. Aufl. Verlag Dr. Friedrich Pfeil: München, 2015.

Westrich, Paul: Die Wildbienen Deutschlands. 2. Aufl. Eugen Ulmer KG. Stuttgart, 2019.

Internetquellen:

https://www.wildbienen.info/biologie/sozialverhalten.php (letzter Aufruf: 23.08.2021)

https://www.naturspektrum.de/text/text_holometabolie.php (letzter Aufruf: 25.08.2021)

https://www.wildbienenschutz.de/wildbienen/nest-der-mauerbiene.html (letzter Aufruf: 26.08.2021)

https://www.bund.net/service/publikationen/detail/publication/wie-helfe-ich-den-wildbienen (letzter Aufruf: 26.08.2021)